东方 花园设计

醉庭院系列

理想·宅 编

U0272907

机械工业出版社
CHINA MACHINE PRESS

本书以精美的实景图片，翔实周到的文字分析，一步步将东方庭院风格中出现的常用及特有的材料、植物和小品做了详细介绍，不仅展示庭院设计的魅力和要点，更增加了一份生活情趣。不论您是景观设计师，还是拥有庭院的业主，或者是庭院设计的爱好者，都可以从中找到对自己有益的思路和创意。本书可参考性极强，相比市场上同类图书，主题内容更新、包含可参考的内容更多。

图书在版编目（CIP）数据

东方花园设计 / 理想·宅编 . — 北京 ：机械工业出版社 ，2015.4
（醉庭院系列）
ISBN 978-7-111-51050-5

Ⅰ . ①东… Ⅱ . ①理… Ⅲ . ①花园－园林设计－东方国家 Ⅳ . ① TU986.2

中国版本图书馆 CIP 数据核字 (2015) 第 177754 号

机械工业出版社（北京市百万庄大街 22 号 邮政编码 100037）
策划编辑：张大勇 责任编辑：张大勇 版式设计：骁毅文化
责任校对：白秀君 封面设计：骁毅文化 责任印制：乔宇
保定市中画美凯印刷有限公司印刷
2016 年 1 月第 1 版第 1 次印刷
210mm×225mm · 7 印张 · 150 千字
标准书号：ISBN 978-7-111-51050-5
定价：38.00 元

前 言
preface

    当花园与人们的住宅紧密相连的时候，花园就变成了今天美好的私家庭院。在当代的都市生活中，人们更加注重庭院的创造，这不仅代表了一种文明，寄托了当地人对生存环境的理想，更是都市人在钢筋水泥丛林中努力接近自然的一种重要方式。

    在理想的庭院中你能享受大自然的恩泽，能找到和室内一样的家的感觉。与朋友在花架下用餐、围着火炉烧烤聊天、倚着平台栏杆眺望美景、与孩子在草坪上嬉戏……也就是说，要把许多原本在室内的活动移到户外花园中进行，家的范围大了，家庭生活也因有自然的惠顾变得更有诗意、更有品质。

    庭院设计和室内设计不同，室内是一个相对封闭的空间，其设计大多以功能性为主；而庭院在创造出温馨、舒适、自然的氛围的同时，还要满足人们对回归自然的迫切渴望。其实一个庭院的设计营造成功与否，与面积大小无关，与造价高低无关，与是否豪华无关，而是取决于这个庭院能否和主人的心灵进行对话。庭院不是权力和地位的代名词，而是主人一家享受天伦之乐的"一方净土"。

    本书所选取的庭院案例均是设计师和业主不断沟通、不断完善的结果，本书除了提供一张张实景照片、一条条解释说明，更为主要的是阐述了对庭院、对家、对生活的理解。

    本书编委会成员包括：刘杰、于兆山、蔡志宏、邓毅丰、黄肖、刘彦萍、孙银青、肖冠军、赵莉娟、李小路、李小丽、周岩、张志贵、李四磊、王勇、安平、王佳平、马禾午。

目 录

P.54

红色的遮阳伞与绿色的植物形成了鲜明的对比，这样的庭院颜色丰富，更加热烈。

P.97

小巧的石磨形状喷水池是相当不错的小品设计，这样的设计摆在什么位置都相当吸引眼球。

第一部分
东方庭院造景材料

东方庭院常用造景材料

建造户外平台，应用较多的是木料和塑木。木质材料有风格自然、脚感舒适的特点，防腐木、菠萝格等都是常用的木材，可以刷成喜欢的颜色。塑木是将废木材、废塑料作为原材料，进行环保再利用，制造出的新材料。具有防水、防霉、免油漆、不开裂、不掉色，安装维护简单的优点。

在庭院中搭建一座木质小桥，使庭院充满日式特色。

防腐木制作的廊架是一种非常简单的装饰，既能遮蔽阳光又在庭院中加入了非常重要的一景。

木平台与木廊架的组合增加了庭院的使用功能，为庭院划分出了区域，使庭院更有层次感。

庭院中的亭多用木材制作，亭在庭院设计中更是占有很重要的位置。

木廊架可以让庭院中的植物更立体，在庭院的中央植物也可以实现立体装饰。

塑木的低导热性与钢结构和天然石材形成了明显的反差，塑木园林小品冬暖夏凉、健康舒适，体现了园林"以人为本"的宗旨。木材的天然性与环保性，也是其他硬质材料所不及的。

防腐木的优点有很多，一是自然、环保、安全；二是易于上涂料着色，能根据设计要求，制作出美轮美奂的效果；三是能接触潮湿土壤，亲水效果尤为显著，可以在户外各种气候环境中使用30年以上。

木质栅栏与植物完美的结合，使庭院充满了自然的味道。

防腐木家具的价格并不昂贵，和一般家具差不多。虽然它的外表看起来比较粗糙，但是更加符合自然的风格。另外，防腐木防腐作用不会因为切割而受到破坏，这和其加工工艺有关，无论怎样切割，防腐性能都不会受到影响。

石材无疑是最耐用的庭院装饰材料。精心设计过的庭院，事实上也是居住空间的一个延伸，所以也要充分利用天然材料来表达美感。现在的庭院中经常可以见到工艺讲究、造型优美的石柱入口，或者是工艺更高、更富艺术性的石雕等；将居住地周边的石块添置在园中，看起来也会十分自然，亦是最廉价最方便的方式。

拼花石材在庭院中非常常见，这种材料更能体现人文色彩。

硬朗的石材小路与草坪相结合体现了一种自然与人文的完美结合。

不规则的石材砌成的矮墙给人一种自然的感觉。

石材与沙砾的结合，使庭院小路出现汀步的效果。

庭院道路铺装选材不妨以天然的石材为主，例如青石板、黄麻石、沙砾、鹅卵石等天然朴实的材料。用天然材料能表现出庭院粗线条的质朴感觉，经济实惠也容易实施。在强调质感的庭院中，使用粗犷的棕色系石板效果很好，既与暖色系的构筑物，如矮墙相匹配，也和旁边种植区的沙砾地面铺装形成呼应。

石片和卵石可用来覆盖裸土以防止水分的过多流失，还可用来阻止杂草丛生；经常铺在铺路石或石板之间以营造一种趣味性的对比。另外，圆形的河石还可掺入混凝土中，让混凝土看起来更加像天然石材。

将喷泉做成石磨的形状，创意新颖又与小院风格统一。

驳岸在庭院中运用相当普遍，但和园路一样，必须参照整体风格。如果是自然式的水池不妨用天然石块装饰驳岸。做驳岸时，石块最好高出与之连接的地面铺装或草坪。石块驳岸最好铺设在碎石层或坚固的基础上，用水泥连接、固定，令石块更加坚固。

水池上增加了一个石材铺设的小桥，使人们走上去充满了探险的乐趣。

台阶的材料选取范围很广，几乎可以用任何材料加以铺装。可以设计成不同的风格，如用砖砌成的台阶风格质朴。总体来说，台阶的设计要根据庭院与建筑的整体风格而定。一般接近建筑物的台阶要处理得较为规则，所用的材料要与建筑物的材料相协调。

在硬朗的石材平台上种植一株不起眼的植物，就算再渺小也瞬间增加了平台的生机。

中式风格庭院的造景材料

曲线
沙发的设计是一种不
仅体现了设计者的新意，
而且因地制宜的设计。

中国传统的庭院规划深受传统哲学和绘画的影响，甚至有"绘画乃造园之母"的理论，最具参考性的是明清两代的江南私家园林。中式庭院有三个支流：北方的四合院庭院、江南的写意山水、岭南园林；其中以江南私家园林为主流，重视寓情于景，情景交融，寓意于物，以物比德，人们把作为审美对象的自然景物看作是品德美、精神美和人格美的一种象征。此时期私家园林受到文人画的直接影响，更重诗画情趣，意境创造，贵于含蓄蕴藉，其审美多倾向于清新高雅的格调。园景主体为自然风光，亭台参差、廊房婉转作为陪衬。庭院景观依地势而建，注重文化积淀，讲究气质与韵味，强调点面的精巧，追求诗情画意和清幽、平淡、质朴、自然的园林景观，有浓郁的古典水墨山水画意境。

卵石与石板材的搭配让小路不仅有整体感觉而且更加有层次。

铺地材料采用天然石材、卵石。天然石材是指从天然岩体中开采出来的，并经加工成块状或板状材料的总称。建筑装饰用的天然石材主要有花岗石和大理石两种。大理石是指沉积的或变质的碳酸盐岩类的岩石，有大理岩、白云岩、灰岩、砂岩、页岩和板岩等。作为石材开采的各类岩浆岩，如花岗岩、安山岩、辉绿岩、绿长岩、片麻岩等称之为花岗石。

卵石是自然形成的岩石颗粒，分为河卵石、海卵石和山卵石。卵石的形状多为圆形，表面光滑，与水泥的黏结较差，拌制的混凝土拌合物流动性较好，但混凝土硬化后强度较低。

卵石地面的图案多种多样，这样的材料更能体现设计师们的设计思想。

卵石种类分为天然颜色的机制鹅卵石、河卵石、雨花石、干粘石、喷刷鹅卵石、造景石、木化石、文化石、天然色理石米等建筑装饰材料及室内装饰用的高级染色砂，无毒、无味、不脱色。品质坚硬，色泽鲜明古朴，具有抗压、耐磨、耐腐蚀的天然石特性，是一种理想的绿色建筑材料。

亭子
是最能体现中式风格的设计，这样的设计也为业主提供了消暑纳凉的去处。

假山与流水是中式庭院中最常见的设计，这种设计是中式庭院的设计精华。

砖石与砂石的铺路设计，使小路显得更加幽远，与亭子的搭配更是相得益彰。

中式庭院是由建筑、山水、花木共同组成的艺术品，建筑以木质的亭、台、廊、榭为主，月洞门、花格窗式的黛瓦粉墙起到或阻隔或引导或分割视线和游径的作用。假山、流水、翠竹、桃树、梨树、太阳花、美人蕉等是必备元素。

"崇尚自然，师法自然"是中国园林所遵循的一条不可动摇的原则，在这种思想的影响下，中国园林把建筑、山水、植物有机地融合为一体，在有限的空间范围内利用自然条件，模拟大自然中的美景，经过加工提炼，把自然美与人工美统一起来，创造出与自然环境协调共生、天人合一的艺术综合体。

19

水 也
是中式庭院设计中最
常使用的元素之一，源
远流长最能体现中国
的思想。

假山为园林庭院中人工叠石而成供观赏的小山。假山具有多方面的造景功能，如构成园林的主景或地形骨架，划分和组织园林空间，布置庭院、驳岸、护坡、挡土，设置自然式花台。还可以与园林建筑、园路、场地和园林植物组合成富于变化的景致，借以减少人工气氛，增添自然生趣，使园林建筑融汇到山水环境中。因此，假山成为我国自然山水园的特征之一。

不规则的石材驳岸体现了自然的美感。这种设计对石材的要求也更高了。

假山按材料可分为土山、石山和土石相间的山（土多称土山带石，石多称石山带土）；按施工方式可分为筑山（版筑土山）、掇山（用山石掇合成山）、凿山（开凿自然岩石成山）和塑山（传统是用石灰浆塑成的，现代是用水泥、砖、钢丝网等塑成的假山。按在园林中的位置和用途可分为园山、厅山、楼山、阁山、书房山、池山、室内山、壁山和兽山。假山的组合形态分为山体和水体。山体包括峰、峦、顶、岭、谷、壑、岗、壁、岩、岫、洞、坞、麓、台、磴道和栈道；水体包括泉、瀑、潭、溪、涧、池、矶和汀石等。山水宜结合一体，才相得益彰。

中国园林中的假山，最常见的是土石山。土石山的一种是土山带石，即在以土为主堆成的假山上，或在山坡上，半露岩石，犹如天然生就；或在山脚，用垒石护坡等。另一种是石山带土的假山，以石作主而土附之，在江南园林多见。假山中还有纯粹的石山，常置于庭院内、走廊旁，或依墙而建。选择堆叠假山的石块，是非常重要的。叠山石最有名的，有湖石类的太湖石，以产于太湖洞庭山消夏湾者为最优；还有黄石，最好的产于常州黄山。山石的石形、石质、石纹、石理，皆有不同，所以，要按照所构筑园林的具体情况来决定。

卵石砌筑的河道，体现了人文与自然相结合的美，使河道更加圆润。

在小院用石材砌筑一个水池能提高空气质量，也能成为小院的一景。

除上述假山外，常见的假山还有千层石假山，其石材为千层石。千层石属于海相沉积的结晶白云岩，石质坚硬致密，外表有很薄的风化层，比较软；石上纹理清晰，多呈凹凸、平直状，具有一定的韵律，线条流畅，时有波折、起伏；颜色呈灰黑、灰白、灰、棕相间，色泽与纹理比较协调，显得自然、光洁；造型奇特，变化多端，多有山形、台洞形等自然景观，亦有宝塔形、立柱形及人物、动物等形象，既有具象又有抽象，神韵秀丽静美、淡雅端庄。以此制作而成的假山更是形态逼真、样式奇特，具有较高的观赏价值。

一汪清水几尾鲤鱼组成了完美的一景，体现了人与自然的高度和谐。

吸水石假山，同样是因其石材吸水而得名。吸水石，也称做上水石，实质是砂积石，暄而又脆，吸水性特别强，石上可栽植野草、藓苔，青翠苍润，是制作盆景的上好石材。吸水石天然洞穴很多，有的互相穿连通气，小的洞穴如气孔，这就是吸水性强的主要原因。在吸水石上的洞穴中，填上泥土可植花草，大的洞穴可栽树木，由于石体吸水性强，植物生长茂盛，开花鲜艳。吸水石可以散发湿气，用它造假山或盆景，都有湿润环境的作用。

一条小路通向远处的亭子，使小院的面积顿时增大了不少。

亭是一种有顶无墙的小型建筑物。有圆形、方形、六角形、八角形、梅花形和扇形等多种形状。亭子常常建在山上、水旁、花间、桥上，可以供人们遮阳避雨、休息观景，也使园中的风景更加美丽。中国的亭子大多是用木、竹、砖、石建造的。

日式风格庭院的造景材料

利用竹子做成的栅栏不仅绿色环保而且是能体现日式风格的设计。

窗外的平地加石头是日式风格的经典设计，这样的设计使小院的空间增加了不少。

日本庭院源自中国秦汉文化，至今中国古典园林的痕迹仍依稀可辨，日本园林逐渐摆脱诗情画意和浪漫情趣，走向了枯寂佗的境界，日式庭院有几种类型，包括传统的耙有细沙纹的禅宗花园，融湖泊、小桥和自然景观于一体的古典步行式庭院以及四周环绕着竹篱笆的僻静茶园。也可以说是中式庭院一个精巧的微缩版本，细节上的处理是日式庭院最精彩的地方。此外，由于日本是一个岛国，这一地理特征形成了它独特的自然景观，较为单纯和凝练。

砂石的铺地效果与植物的搭配使日式的设计完美地体现了出来。

日式风格的庭院更注重地面的装饰，庭院中洋溢着一股生命的力量。木质材料，特别是木平台在日式风格的庭院中经常使用。在传统的日式风格的庭院中，铺地材料通常选用不规则的鹅卵石和河石，还有丹波石和大理石铺装。此外还有碎石、残木、青苔石组和竹篱笆。

枯石与沙海的设计是日式风格最显著的设计，这样的设计仿佛在自己的小院中有着日式禅韵的体验。

日本作为岛国，大海的意义非凡。大海可以是铺天盖地，漫无际涯，排天大浪，拥云春雪；也可以是静穆单纯，旷远模糊。白茫茫的大海令人静思，又会浮想，与日本禅宗的空灵、清远结合，能造就不同的景观，是静穆、深邃、幽远的枯山水，几块山石前应后合，白砂一片，绿苔在青石上，白墙上婆娑着竹影，这是亦自然亦人工的境界，是提炼的自然。

植物
做成的院墙环保又
增加了私密性，放眼望
去全是绿色，真是不错
的体验。

青石板的小路通向推
拉式的房门，日式风格相
当的浓郁，加之地灯的设
计更是给这个小院增添
了一抹亮色。

碎石是由天然岩石（或卵石）经破碎、筛分而得，碎石多棱角，表面粗糙，与水泥黏结性好，拌制的混凝土拌合物流动性差，但混凝土硬化后强度较高。一般混凝土使用 5 ～ 25mm 粒径的碎石。

设计的精心和细致也培养了观者的敏感和多情，有太多细腻的场景片断，把墨绿的松针摆放在石板地上，聚散有致，一株红枫在竹林深处，井边石头包上了厚厚的茸样的青苔，细流潺潺从竹槽流入井中，颜色深重的石井，水中浮着几片红叶。这种细微的设计，达到艺术近极致的程度，这种对自然的提炼，使景观产生了深远的意味。

东南亚风格庭院的造景材料

本案的园门设计非常独特，两个半圆在远处看形成了一个整体，提高了小院的私密性。

白色
的园门及栅栏形成了
一个整体围合空间，增
加了私密性。

东南亚园林对材料的使用也很有代表性，如黄木，青石板，鹅卵石，麻石等，旨在接近真正的大自然。东南亚风格色彩主要采用深棕色，黑色，褐色，金色等，令人感觉沉稳大气，同时还有鲜艳的陶红和庙黄色等。另外受到西式设计风格影响后浅色系也比较常见，如珍珠色，奶白色等。

青石板的园路配上高大植物让小路显得更加幽远，走在这里有一步一景的感觉。

道路与铺地：在庭院里设计一条原木或鹅卵石的小路比较多见。原木小路和纳凉亭或平台的材质一致，也可以原木与鹅卵石结合。园路一般曲折蜿蜒，铺地采用青石板、麻石、透水砖作为饰面，表面毛糙不平，以突出东南亚的自然、质朴为原则。地面不需要更多的修饰，越自然越好，流露出粗糙的质感为佳，比如凸出的砖头、石块，如果表面处理得太光滑就失去了原始的味道。在色彩上，没有"程式化"的要求，越接近自然、越有质感的效果就越好。如果需要强调庭院铺装效果，可以铺设一些醒目的图案。

青石板，一种非金属矿产品，又称"绿石板"，地质学名"磨石瓦板岩"。青石板为石灰石，是水成岩中分布最广的一种岩石，全国各地都有产出，主要成分为碳酸钙及黏土、氧化硅、氧化镁等。当氧化硅含量高时，青石板硬度就高，青石板密度为1000～2600kg／m³，抗压强度为10～100mPa，材质软，易风化。青石文化板材是一种新型的高级装饰材料，纯天然无污染无辐射、质地优良、经久耐用、价廉物美。丰富的石文化底蕴又使其具备了极高的观赏价值和收藏价值。

高低不平的地面用植物装饰，使其成为小院的亮点。

黄木又称泡桐，其特点和功用如下：

（1）品种多，分布广，可大范围造林绿化。

（2）成长快，材积多，解决木材供应不足问题。

（3）属深根性树种，适宜大面积农桐间种。

（4）木质又轻又好，被广泛应用。

（5）叶、花富含肥分、养分，可作肥料、饲料，叶还能诱杀害虫。

（6）叶、花、果、树皮可制药，治疗气管炎，疗效显著。

（7）树态优美，花色绚丽，叶片分泌黏液，净化空气，供观赏，绿化工矿区。

（8）改善生态环境。

砂石与草坪的结合延伸到远方，走在这样的小路上使人们心情非常舒畅。

鹅卵石作为一种纯天然的石材，取自经历过千万年前的地壳运动后由古老河床隆起产生的砂石山中，经历着山洪冲击、流水搬运过程中不断的挤压、摩擦。在数万年沧桑演变过程中，它们饱经浪打水冲的运动，被砾石碰撞摩擦失去了不规则的棱角，又和泥沙一道被深埋在地下沉默了千百万年。主要用于公共建筑、别墅、庭院建筑铺设路面和作为公园假山、盆景的填充材料。它既弘扬东方古老的文化，又体现西方古典、优雅，返璞归真的艺术风格。

麻石是花岗石的一种，表面呈麻点状花斑，以黑白斑点、红黑斑点等居多，麻石是花岗石中密度较大，质地较坚硬的一种，常用作建筑装饰和雕塑。

庭院的长廊地面设计也是非常重要的，这里不仅是人们走路的地方更是人们休闲纳凉的场所。

青石板的台阶设计使小院充满了自然的味道，体现了一种野趣。

在自然式热带庭院中，完全平坦的庭院地面几乎是不存在的，保留庭院的自然起伏，用踏步穿插其间，是十分生动有趣的设计。 用粗略雕琢的石头做庭院踏步是最合适的，一段巧妙的台阶宛如艺术品，引导人们欣赏最美的景色。

喷泉的设计使小院充满了大气的感觉，在炎热的夏天也为小院提供了一丝清凉。

东南亚景观离不开水景制作，水景面积占总景观面积的百分之二十以上。东南亚各地宫廷建筑中，大量采用不规则的水体，这些水景庭院深受东西方美学传统和宇宙观的影响。东南亚景观水景崇尚自然，立面层次丰富，水面到地面过渡自然，水生植物到浮生植物及挺水植物配以卵石素砂、雕塑完成。

游泳池旁边平台的设计使人们在游泳之后有了好的去处，在小院中就能体会海边日光浴的体验。

东南亚地区在泳池设计革新方面一直处于领先地位。泳池形式多样：有带盐分或氯气过滤系统的，有负池沿或正池沿的，有玻璃马赛克、陶瓷、石材做内衬的，有带按摩池的等。

泳池底的马赛克设计让泳池清洁更加容易，也使泳池映着一种天蓝色，显得更加干净。

泳池旁的躺椅为人们游完泳之后提供了很好的休息场所，让业主不出家门就能有在海边的感觉。

玻璃马赛克又叫作玻璃锦砖。它是一种小规格的彩色饰面玻璃。一般规格为20mm×20mm、30mm×30mm、40mm×40mm。厚度为4～6mm。属于各种颜色的小块玻璃质镶嵌材料。玻璃马赛克由天然矿物质和玻璃粉制成，是安全的建材，也是杰出的环保材料。它耐酸碱、耐腐蚀、不褪色，是最适合装饰游泳池地面的材料之一。它算是最小巧的装修材料，组合变化的可能性非常多：具象的图案，同色系深浅跳跃或过渡，或为瓷砖等其他装饰材料做纹样点缀等。

人造沙滩大多设在游泳池旁边，面积大小跟泳池成正比，几平方米的小沙滩也能找出休闲的意味，可以摆上休闲椅、撑起遮阳伞，是闲暇时晒晒太阳、聊聊天的绝好场所，也是最能体现热带风情的"道具"。人造沙滩分两种：一种是海沙直接铺设；另一种是沙砾胶合型的，比较固定易于清理。

第二部分

东方庭院植物布景

东方庭院常用植物布置

各色植物与后面的黄杨相结合，使之非常有层次感。

07//11/22

孤植、对植与丛植

孤植树应选树形婆娑多姿、小巧玲珑、开花茂盛或叶色亮丽的树种，以显示树木个体美且与周围景观环境相协调。对植多采用非对称式，左侧1株较大的花木，右侧1株树姿不同体积较小的同种花木，或两边是相似而不同的花木或树丛。丛植主要表现花木的群体美，必须选择在姿态、色彩等方面有特殊观赏价值的花木，且个体之间在形态和色彩上要协调一致。

生态功能

庭院中的绿色植物不仅能阻挡阳光直射，还能通过它本身的蒸腾和光合作用消耗许多热量，调节庭院的小气候和湿度。植物还可吸收有害气体，分泌挥发性物质，杀灭空气中的细菌，如香樟、紫薇、茉莉、兰花、丁香等具有特殊的香气或气味，对人无害而蚊子、蟑螂、苍蝇等害虫闻到就会避而远之，并且还可以抑制或杀灭细菌和病毒。

花境的颜色搭配

栽种花境时，应将株高的栽在后面，矮的栽在前面。在花色配置上，不仅花开相互之间色彩应协调，而且也要注意与背景及四周环境相协调。花期相同或相近的种类，栽植位置要前后左右错开，从整体上看均匀协调。

小花园的曲线种植方式

如果花园面积有限，植物最好以曲线的方式摆放，这样比按直线摆放更能让小花园从视觉效果上显得宽敞一些。在颜色方面，可以按照自己的喜好来决定，或许也可以考虑多种些蓝色和绿色的冷色调植物，因为这样会使花园显得大些。

高大的松树，非常吸引人们的视线。

主庭中植物

布置庭院时，植物品种不宜太多，以一二种为主景植物，再选种一二种作为搭配。植物的选择要与整体庭院风格相配，植物要层次清晰、形式简洁。常绿植物比较适合北方地区。在处理这种组合时，绿色深浅程度的细微差别可作为安排植物位置的一个标准。深绿色的大戟属植物成为浅绿且发白色的蕨类植物的陪衬，同时也将颜色介于两者之间或深或浅的八仙花属植物的叶片突出出来。

花丛与花境的混植方式

花丛多采用不同种类混植，形态色彩符合自然，多选管理粗放的多年生宿根花卉，也可采用能自播自繁的1～2年生草花，进行合理配植，使庭院四时有花。花境多采用自然式带状混植，以表现花卉群落的自然景观美，多选能越冬的观叶观花灌木和多年生草本花卉为主。

自然式花境

在 面积较大的庭院空地上可装饰成自然式花境。花境的位置可靠近墙垣或栅栏的前面，也可安排在人行道的两侧或房屋的四周。主要栽植花卉如鸢尾、萱草、景天、矮牵牛、三色堇、虞美人等。背景材料可用色彩单一的绿篱或深色的墙垣，以衬托出前面花境中的各色鲜艳花朵。

此 外，叶形、叶片大小、纹路图案的差别也是安排此类组合的重要依据。而且每当庭院被划分成若干部分，或者在园地上制作几何图形，高大的树木和园地的灌木都会成为非常重要的设计因素。庭院小径边的植物应该给散步的人一种祥和安逸的感觉。有些小径的设计单纯朴素，而有些小径的处理则颇费心思：路边簇拥着灌木丛，或伴随着花坛。对于某些设计者，庭院小径的设计清晰地体现了主人的性情。这种植物组合的核心就是充分利用差别做文章。

　　将两种或者更多种颜色相同的观花植物栽种在一起时，要通过株形和叶形上的差异来确保组合的景观效果，如将浅粉色的金花菊与福禄考栽种在一起，能营造较强烈的粉色浪漫氛围。

在小庭院中，树木尽可能采用合欢、白玉兰、梧桐等落叶的中型乔木为主，体量宜小，使庭院尽可能显得大一些。且落叶树可使夏季有绿荫，冬季有阳光，使人感到舒适、温馨，也利于林下花木的生长，冬景也不显萧条。在朝南的窗口不适宜栽植较高大的常绿植物，这样往往会阻挡室内的光线，使人有压抑感，而充足的采光对居民来讲是很重要的。这样可确保植物生态群落景观的稳定性、长远性、美观性。

红色的遮阳伞与绿色的植物形成了鲜明的对比，这样的庭院颜色丰富，更加热烈。

注重花草的层次

在具体植物配置时，要注重层次，注意高矮和色彩搭配，远景宜采用高大的花木，近景则宜选用低矮的灌木。这样才能营造出一番美妙的自然景色，各种风格以及不同大小的庭院在花树的搭配上也都要"量体裁衣"，唯有如此，才能享受到缤纷的视觉和清新的空气。

在园墙的内外都种植着各种不同的植物，使人们有种置身花海的感觉。

巧妙的植物配置

植物配置是庭院中非常重要的部分，它的整体效果直接影响了作品的成功与否。而处理树与花的关系是植物造景配置的关键。树是指各种乔、灌木，花则除树上的花外还包括低矮的草本植物。强调树与花的关系指的是视觉上的形与色如何组合相配的问题。原则上如条件许可，尽可能多配置些不同形状、不同色彩、不同花季的树，以增加庭院的厚重感。而花草的配置，则采取归类成圃、见缝插针等灵活手法，以增加庭院的明快感。总之，要使树花相映成趣，成为真正的"花园"。

中式风格庭院的植物布景

黄杨作为道路两旁的植物是非常常见的，这种植物非常好打理。

中式园林植物应用讲究运用中国传统植物，外来植物运用较少；植物形态上追求自然，很少修剪整形；植物应用中注重乔灌草的合理搭配，体现出植物立体空间层次感和一种自然生长环境。

57

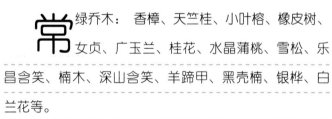

草坪与小路相结合，使得小路看上去非常的幽长。

常绿乔木：香樟、天竺桂、小叶榕、橡皮树、女贞、广玉兰、桂花、水晶蒲桃、雪松、乐昌含笑、楠木、深山含笑、羊蹄甲、黑壳楠、银桦、白兰花等。

落叶小乔木：白玉兰、二乔玉兰、紫玉兰、青波玉兰、垂丝海棠、西府海棠、樱花、桃花、五角枫、乌桕、紫薇、紫叶李、石榴、木芙蓉、紫荆、红叶梅、紫叶桃等。

落叶灌木：贴梗海棠、棣棠、茉莉、蜡梅、木槿、扶桑、紫叶小檗、夜来香、月季、火棘、牡丹等。

草坪、廊架与废弃的陶罐，简单的搭配使院落非常协调，充满设计者的智慧。

落叶乔木

垂柳、刺槐、国槐、银杏、水杉、黄葛树、白蜡、二球悬铃木、杜英、合欢、枫香、榆树、栾树、喜树、重阳木、红枫等。

常绿灌木：海桐、含笑、春鹃、夏鹃、西洋鹃、红继木、黄金叶、金边六月雪、小叶女贞、毛叶丁香、山茶花、茶梅、栀子、构骨、十大功劳、蚊母、四季桂、苏铁、大叶黄杨、雀舌黄杨、瓜子黄杨、双色茉莉、洒金珊瑚、南天竹、凤尾兰、鹅掌柴、八角金盘、棕竹等。

观花植物

粉色的攀藤植物攀缘在墙上，形成了一个完美的花墙。

春季：迎春（2～4月），中国水仙（1～3月），梅（2～3月），白玉兰／紫玉兰／二乔玉兰（3～4月），紫荆（3～4月），贴梗海棠（3～4月），蒲桃（3～4月），桃（3～4月），春鹃（3～4月），樱花（3～4月），火棘（春），含笑（4～5月），垂丝海棠（4～5月），西府海棠（4～5月），红花继木（4～5月），紫叶小檗（4～5月），紫藤（4～5月），海桐（5月），石竹（花期4～10月，集中于4～5月）等。

错落有致的植物使得小院非常有层次感，也非常的漂亮。

夏季：金银花（5～7月），石榴（5～6月），白兰花（5～9月），四季桂（5～9月），茉莉（5～11月），南天竹（5～7月），萱草（5～8月），夏鹃（5～6月），合欢（6～7月），广玉兰（6～7月），夹竹桃（夏），木槿（6～9月），紫薇（6～9月），沿阶草（麦冬、书带草）（6～7月），美人蕉（夏、秋），睡莲（6～8月），荷花（6～9月），苏铁（7～8月），国槐（7～8月），十大功劳（7～10月），夜来香（晚香玉）（7～11月），唐菖蒲（剑兰）（夏秋）等。

秋季：十大功劳（7～10月），夜来香（晚香玉）（7～11月），桂花（9月），木芙蓉（9～10月），凤尾兰（9～11月），羊蹄甲（10月），唐菖蒲（剑兰）（夏秋），黄花槐（全年均能开花，但以9～10月为盛期）等。

冬季：山茶（冬～次年春），茶梅（11～次年4月），叶子花（九重葛、三角花）（冬～春），蜡梅（12～次年3月）等。

木质的园门似乎已经关不住满园的绿色。

竹类：　孝顺竹、佛肚竹、罗汉竹、琴丝竹（黄金间碧绿竹）、凤尾竹、紫竹、楠竹、慈竹、斑竹等。

藤本植物：九重葛、紫藤、蔷薇、爬山虎、常春藤、金银花、油麻藤、葡萄等。

湿地水生植物：唐菖蒲、荷花、睡莲、旱伞草等。

地被植物：　葱兰、花叶良姜、金边兰、金心兰、红花酢浆草、肾蕨、沿阶草、玉簪、一叶兰、吉祥草等。

草坪：黑麦草、马蹄金、早熟禾、狗牙根、结缕草等。

一株挂满果实的小树，在这里更多地体现了迎客的味道。

日式风格庭院的植物布景

日式庭院常用植物

日式园林植物应用常绿树较多，常用松柏类和竹类，一般有日本黑松、红松、雪松、罗汉松、花柏、厚皮香等；落叶树中色叶的银杏、槭树，尤其红枫，开花的樱花、梅花、杜鹃等，常使用草坪作陪衬。早期庭院中常见整形修剪的树木，但现代庭院中以自然式居多。

红砖砌成的水管设计在庭院中相当的实用。红砖的颜色也非常的亮眼。

落叶针叶树：金钱松、水杉、池杉。

常绿针叶树：五针松、红松、白皮松、雪松、南洋杉、柳杉、侧柏、龙柏、罗汉松、铺地柏、花柏。

落叶乔木：银杏、刺槐、五角枫、悬铃木、垂柳、榆树、榔榆、黄葛树、梧桐、乌桕、重阳木、栾树、泡桐、红枫。

几块白色鹅卵石与地被植物的结合，形成了非常完美的路边景色。

常绿乔木：香樟、白兰花、桂花、天竺桂、银桦、榕树、黑壳楠、楠木。

落叶小乔木：樱花、紫叶李、紫薇、白玉兰、紫玉兰、桃、梅、梨树、蜡梅、木芙蓉、石榴、垂丝海棠、鸡爪槭。

常绿小乔木：日本珊瑚、石楠、夹竹桃、白千层、红千层。

落叶灌木：榆叶梅、棣棠、火棘、木槿、扶桑、牡丹、迎春、杜鹃。

常绿灌木：苏铁、小叶女贞、含笑、毛叶丁香、南天竹、白色茶梅、四季桂、金叶女贞、栀子、海桐、六月雪。

观花植物: 白千层（1～2月）、中国水仙（1～3月）、梨树（2～3月）、白玉兰／紫玉兰（3～4月）、桃（3～4月）、榆叶梅（4月）、紫叶李（3～4月）、樱花（4月）、牡丹（4～5月）、芍药（5月）、刺槐（5月）、含笑（4～5月）、 白兰花（5～9月）、萱草（6～8月）、玉簪（6～8月）、大丽花（夏秋）、唐菖蒲（夏秋）、美人蕉（夏秋）、荷花（6～9月）、睡莲（6～8月）、桂花（9月）、茶梅（11～次年4月），山茶（冬～次年春）、蜡梅（12～次年3月）。

红色的植物与绿色的植物交相呼应，将喷泉凸显得更加美观。

竹类：慈竹、佛肚竹、罗汉竹、紫竹、琴丝竹、楠竹、凤尾竹、斑竹、孝顺竹。

藤本植物：蔷薇、紫藤、葡萄、金银花、常春藤、九重葛、爬山虎。

湿地、水生植物：唐菖蒲、荷花、睡莲、旱伞草。

地被植物：铺地柏、苔藓类、蕨类、葱兰、美人蕉、玉簪、阔叶麦冬、沿阶草。

草坪：狗牙根、细叶结缕草、剪股颖、草地早熟禾、马蹄金。

高大树木下面的地被植物，使得庭院中的景观不再单调。

日式庭院常绿乔木

挺拔秀丽的乔木，成为庭院造景的中心。 乔木的树种包括红豆杉、榧树，日本花柏、日本扁柏、柏树、山月桂、栎树、光叶石楠、樟树、铁冬青、月桂、山茶、荚迷锥栗树、荷花玉兰、女贞、日本女贞、姬虎皮楠、桂花、冬青、厚皮香、杨梅、虎皮楠等。

配置植物时，乔木可以种植在大门附近（松树、柏树、厚皮香、杨梅等），也可以作为主体树木，还可以沿着庭院的四周或边界栽种栎树、荚迷锥栗树、山茶、桂花、虎皮楠和红豆杉等构成一道绿篱，这些植物耐阴性强，颇耐修剪，作为绿篱使用，可修剪成圆柱形、球形等形式。

日式庭院常绿灌木

常绿灌木树种包括针叶树的刺柏、矮紫杉、铺地柏；阔叶树的日本桃叶珊瑚、马醉木、钝齿冬青、冬山茶、小叶黄杨、栀子、石楠、杜鹃、厚叶香斑木、瑞香、十大功劳、圆柏、海桐、光叶枸木、金丝桃、大叶黄杨、龟甲冬青、朱砂根、八角金盘等。庭院配置时，可以种在乔木下面加固树根遮盖露土，或种在石净手旁作为衬托物，还可以群植，修剪成假山状。

枯石与苔藓是日式庭院中最有代表性的设计元素，本案将这两个元素完美结合。

71

落叶乔木

树种包括梧桐、梅花、安息香、枫树、连香树、木瓜、麻栎、光叶榉、短柄栎、日本辛夷、樱花、紫薇、桦树、白桦、婆罗花、朝鲜花楸、山茱萸、日本紫茎、木槿、玉兰、四照花等，作为配置的树木，可以种在门旁的树池里、通道边。此外，还能以主庭的常绿树为背景栽种在前侧，或孤植，数棵丛植在草坪上，另外，习惯上把落叶乔木作为掩饰石灯和瀑布的衬景树。

落叶灌木

树种包括八仙花、锯齿冬青、金雀儿、金丝梅、麻叶绣线菊、日本吊钟花、卫矛、胡枝子、垂丝海棠、紫荆、贴梗海棠、芙蓉、金缕梅、三叶杜鹃、紫珠、棣棠、喷雪花、连翘等，落叶灌木可以配置在树木下和树林的空地上，孤植或群植在石净手盆和石灯旁边。

竹制的篱笆与黄杨的设计，让小院有一种沧桑的感觉。

在大多数日式庭院里，经常要修剪树木和灌木，使它们大小相宜，并留下足够的空地（在较大的庭院里需要修剪的通常只是那些郁郁葱葱的松树）。虽然适宜栽种的乔木种类为数不少，但是春天开花的果树给人的诱惑力却是最大的。可以考虑种植一些日本木瓜、苹果花，或一到春天就开玫瑰红花的贴梗木瓜。至于防风林，可以种植一些耐寒的针叶树，如日本柳杉；如果林地偏冷，还可以种植一些日本鸡爪槭。在日本，槭树因其秋天火焰般的树叶而备受推崇。

亭在高大植物的掩盖下若隐若现，显得非常有神秘感。

东南亚风格庭院的植物布景

东南亚风格园林是以泰式园林为代表的热带园林。植物以高大挺拔的椰子树为代表；由于东南亚地区绝大部分位于北回归线和南纬10°之间，属热带气候区。受热带气候和海洋调节的影响，东南亚地区植物资源十分丰富。印度尼西亚、马来西亚、缅甸、老挝的森林覆盖率都超过50%。四季盛开的热带兰花为东南亚的代表花卉，在世界上享有盛誉。丰富多彩的植物资源造就了东南亚高绿化率的景观风格。热带植物品种繁多，其中棕榈科就有15000多种，营造一个热带风情的园林以大型的棕榈树、热带花卉及攀藤植物效果最佳。

两盆鲜艳的盆栽在这里充分地体现了对称的美。

花色

暖 温带及亚热带的植物，花期多集中于春夏，海南则一年四季繁花似锦，且花形奇特，色彩丰富。时值仲夏，可以看到红色的凤凰木、细叶紫薇，扶桑、龙船花；黄色的黄槐、鸡蛋花、美人蕉、黄蝉；橙色的叶子花、炮仗花；白色的栀子花、米兰等，可以说是姹紫嫣红、五彩缤纷。此花色之美，表现了季相景观，体现了热带浓郁、热烈的风情。

高大的椰子树与远处的白色建筑物，使得庭院充满了东南亚的气息。

叶色

东南亚的常绿园林植物偏多。常绿植物在仲夏以深浅不一的绿色，给人们带来凉爽舒适的感觉。由于光照充足，当地常年异色叶植物较多。常年红色叶有红桑、红草、圆叶洋苋等；黄色叶有黄叶假连翘；斑叶有变叶木、彩叶草、吊竹梅、冷水花等；双色叶有红背桂、紫背万年青等。将这些彩叶植物按不同生态要求组成绚丽的色块、色带和图案，效果非常壮观。

高大的椰子树是东南亚庭院的标准元素之一，想将热带风情搬到家中，不妨试试这种设计。

果色

　　东南亚许多植物的果实形状奇特，色彩丰富，在植物园里面，一般可以看到红色的荔枝、红香蕉；粉色的莲雾；黄色的鸡蛋果、蛋黄果；褐色的人心果等果实，都有较高的观赏价值，也是季相景观一大补充。

高低不同，枝繁叶茂的植物使这里充满了大森林的气息。

各色的植物与茅屋的搭配，充满了异域风情。

榕树等树体高大，其板根及下垂气生根是热带特有的植物景观。木棉、刺桐、榄仁树等的水平形分枝在其不同树干的不同层次围绕树干向外延生生长，树形十分优美。旅人蕉叶形巨大，外形颇具特色，像一把扇子。凤凰木树冠舒展，开花时灿若红云，蔚为壮观。鸡蛋花枝干朴拙，无论开花还是叶落时都有独特的魅力。还有大量的棕榈科植物以及各种单子叶植物、蕨类植物等。种类繁多，姿态万千。

高大的植物在小路的旁边，使小路延伸性更强，也能很好地加大视觉效果。

白兰花、黄兰、依兰等都能散发沁人心脾的芳香，栀子花、茉莉、九里香开花时清香扑鼻，鸡蛋花、树兰则不时散发阵阵的幽香，含笑的花朵虽不显眼，却有一股诱人的甜香味。香樟、肉桂、香草兰等的叶片挤碎时能散发出令人愉快的香味。芸香科的植物叶片经揉搓均可发出香味。木菠萝、杧果、榴梿等热带水果以浓烈的果香令人垂涎。

水池

旁边是非常潮湿的，这里可以选择一些耐水性强的植物。

东南亚庭院植物造景以热带乔木为主。以大型的棕榈树及攀藤植物效果最佳。在东南亚热带园林中，绿色植物也是突显热带风情关键的一笔，目前最常见的热带乔木有椰子树、绿萝、铁树、橡皮树、鱼尾葵、波罗蜜等，其形态极富热带风情，是设计师用来营造东南亚热带园林的"必备"品。

第三部分

东方庭院小品布置

东方庭院常用小品布置

景观雕塑小品

在很多环境设计中，雕塑都充当景观主题，因此，雕塑小品在环境景观设计中起着重要作用。许多优秀的景观雕塑成了城市的标志和象征载体，当今的雕塑已经走向生活，走向大众，它装点着环境，反映着时代的精神，陶冶着人们的心灵，在城市建设中起着积极的作用。景观雕塑分为四个类型，即：纪念性景观雕塑、主题性雕塑、装饰性雕塑和陈列性雕塑。

一种简单的雕塑，让庭院出现了抢眼的一景。

可进入空间类小品

可进入空间类园林小品指那些在自身内部限定着一定的空间，并且这些空间是能为人们提供休息、赏景、玩耍、使用等功能的。不论其四周是否有墙，是否有顶，可以提供给人们行、坐、游的小品就可归类为可进入空间类。这类园林小品包括景亭、榭舫、景廊、花架、构架、跳台、铺地、园路、小桥、汀步、梯级、蹬道、候车亭、街头售货亭、自行车棚、假山、水景等。

不可进入类小品

不可进入类园林小品指那些实体虽然是园林小品，内部也有空间，但人不能进入其中的园林小品。这一类园林小品主要包括景石、独立假山、绿化小品（植物雕塑、植物造型、植物模纹图案、花钵、花卉盆景等），还包括水景小品（喷泉、壁泉、跌水等）以及景观雕塑小品、景墙、栏杆、护柱、徽章标志、邮筒、垃圾箱、公共桌凳、照明灯具、饮水器、时钟等。

本案洗手池的设计是相当实用又美观的。

蓝色的蝴蝶飞在花丛中，看到这样的景致，是不是感觉又回到了扑蝶的童年。

情感方面

虽然园林小品以物质为基础，但衍生出来的精神产物饱含着设计者和使用者的情感交流，也饱蘸着城市与环境所营造的情感氛围。一个好的园林不仅能给人以视觉享受，而且还能给人以无限联想。设计师通过模拟、比拟、象征、隐喻、暗示等手法，能创造出许多具有情感寄托的园林小品。

平静的水面让整个庭院多了一份沉静、优雅的气质。

文化性的表达

中国是一个有着悠久历史的文明古国，文化在我国历史的沿革中不断深化。园林小品作为一种环境艺术作品，其文化内涵十分丰富，它反映着一个城市的文化价值和文明程度，以及市民的审美情趣、文化修养、道德标准。园林小品在城市中，结合各种不同的场所，成为展示城市风貌和文化的亮点。园林小品的文化性要因地制宜、灵活运用、合理性合体。它的文化内容丰富、意境深远、地域文化浓厚、乡土民俗厚重，还有历史、传统、文学、道德等诸多文化内涵也都可以表达。

一条幽静的小路通向远处的亭子，使得小院顿时增大了不少。

洗手池是用鹅卵石建造的，感觉十分自然。

注重生态环境的保护

灰 蒙蒙的天空、黑乎乎的河水、浑浊的空气、刺耳的噪声、生硬的建筑、拥挤的人群……对于这样的现实，回归自然的呼声越来越响。保护生态环境，提高城市生态效益的要求日益高涨。城市的生态并不只是植物的增多和水体的变清，而应该是整个城市空间环境的好转与不断完善，更适应人们健康、舒适、方便的生活。园林小品一般多应用水体、植物、山石等材料共同去完成创作，使自然生态环境与社会生态环境得到最大的改善。

满足人们行为化的需求

园林小品是为人而设计的，是为人使用和服务的。因此，园林小品的设计必须满足人体尺度和人的行为特点。适应小环境与大环境相联系，共同发展。对于园林小品中具有使用功能的一类，符合人体尺度极为重要，这将直接关系到使用者对其使用的舒适度。一个使用方便、舒适的园林小品会吸引人们去使用它，使其能充分发挥出自己的作用。园林小品的设计，不仅要满足人体尺度，还应符合人的行为规律，一个良好的设计就是要满足使用者的行为需要。比如出入口布置的坐凳、花坛、斜坡等，让欣赏者和观赏者都有一种安全感和全方位的三维感官。

乌龟与喷泉的结合，这样的装饰既有水的流动与清凉感，又不会有扰人的声音。

与外界连接的庭院墙面与篱笆的组合，高低错落，呈现出立体变化。

防腐木知识

防腐木是将木材经过特殊防腐处理后，具有防腐烂、防白蚁、防真菌的功效。专门用于户外环境的露天木地板，并且可以直接用于与水体、土壤接触的环境中，是户外木地板、园林景观地板、户外木平台、露台地板、户外木栈道及其他室外防腐木凉棚的首选材料。

深度炭化木：没有防腐剂的防腐木又称热处理木。炭化木是将木材的有效营养成分炭化，通过切断腐朽菌生存的营养链来达到防腐的目的。是一种真正的绿色建材、环保建材。

纯天然的加拿大红雪松（红崖柏），未经过任何处理，主要是靠内部含一种酶，散发特殊的香味来达到防腐的目的。

防腐木如何保养

木材经防腐工艺加工的目的是为了增强木材在户外恶劣的环境中抵抗生物侵袭的能力，然而木材是一种天然的材料，在户外使用时，其含水率会随着气候的变化而变化，因木材自身的热胀冷缩没有经过特殊的控制，难免会发生开裂、变形等现象。因此，正确使用、安装和维护可以最大限度地减少此类情况的发生。

木质篱笆、小径、错落有致的植物，是庭院里常见的景致。

建议每年进行一次保养（即重新油漆一次，此油漆不同于市场上一般调色的油漆，一定要采用防紫外线、防开裂起翘的耐候木油或水封涂料、木蜡油，自己不会处理的需找专业人士维护）。安装中所用的连接点、固定件请使用热浸式镀锌固定件或者不锈钢五金件。同时，防腐木平台、地板安装时，通常要留有缝隙，不要忘记截面封涂。另外保持通风、适度干燥，避免污渍也是很重要的。

实木家具表面一般都能看到木材真正的纹理，朴实和沉稳，偶有树结的表面也体现出清新自然的材质，既天然又无化学污染，这家具是健康的时尚选择，符合现代都市人崇尚大自然的心理需求。实木家具在材质的选择上以国内实木家具为例，种类主要有：榉木、柚木、枫木、橡木、水曲柳、榆木、杨木、松木等，其中榉木、柚木最为名贵。

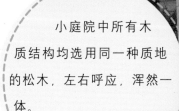

小庭院中所有木质结构均选用同一种质地的松木，左右呼应，浑然一体。

雕塑小品

我国古典园林中就有大量雕塑小品存在，如石牛、石鱼。雕塑在现代园林中占有相当重要的地位。雕塑小品可以赋予景观空间以生气和主题，通过以小巧的格局、精美的造型来点缀空间，使空间诱人而富于意境，提高环境景观的精神品质。

　　雕塑是当代公共艺术中一种常见的方式，也是公共艺术的最佳载体，它已经成为城市生活和环境中不可缺少的艺术样式，也是公共艺术、环境艺术整体中重要的组成部分。

在台阶处设计一个小小的雕塑，瞬间将单调的台阶变得不再单调。

中式风格庭院的小品装饰

小巧的石磨形状喷水池是相当不错的小品设计，这样的设计摆在什么位置都相当吸引眼球。

假山是中式庭院中
最常见的装饰，假山与水
的结合是庭院景观最好的
设计手法。

特色和润饰

中式庭院讲究借景，浑然天成，幽远空灵，变化无穷。充满象征意味的山水是它最重要的组成元素，然后是建筑风格，最后才是花草树木。

喷泉的设计使小院充满了流动的美感，在这样的院中更能体会源远流长的中式思想。

假山与水是分不开的，相辅相成的景致使院落更加有层次感。

假山具有多方面的造景功能，如构成园林的主景或地形骨架，划分和组织园林空间，布置庭院、驳岸、护坡、挡土，设置自然式花台。还可以与园林建筑、园路、场地和园林植物组合成富于变化的景致，借以减少人工气氛，增添自然生趣，使园林建筑更好地融入山水环境之中。因此，假山成为中国自然山水园林的特征之一。

假山能组织划分、分隔空间

利用假山的大型建筑物特性对园林空间进行分隔和划分，将空间分成大小不同、形状各异、富于变化的各种空间形态。通过假山的穿插、分隔、夹拥、围合、聚汇，可以创造出山路的流动空间、山坳的闭合空间、山洞的拱穹空间、峡谷的纵深空间等各具特色的空间形式。假山还能够将游人的视线或视点引到高处或低处，创造仰视和俯视的空间景象。

突出地面的水池是人们进入小院后首先看到的景致。

凹凸不平的石材驳岸体现了中式园林不拘一格的设计思想。

塑石假山是造景小品

假山与石景景观是自然山地景观在园林中的艺术再现。在庭院中、园路边、广场上、水池边、墙角处，甚至在屋顶花园等多种环境中，假山和石景都能作为园林小品，用来点缀风景、增添情趣，起到造景与点景的作用。自然界的奇峰异石、悬崖峭壁、层峦叠嶂、深峡幽谷、泉石洞穴、海岛石礁等景观形象都可以通过塑石假山石景在园林中再现出来。

亭是中式庭院中非常常见的装饰物，中式庭院的休息场所不妨设计成亭子的形式。

跌水是园林水景（活水）工程中的一种：一般而言，瀑布是指自然形态的落水景观，多与假山、溪流等结合；而跌水是指规则形态的落水景观，多与建筑、景墙、挡土墙等结合。瀑布与跌水表现了水的坠落之美。瀑布之美是原始的、自然的，富有野趣，它更适合于自然山水园林；跌水则更具形式之美和工艺之美，其规则整齐的形态，比较适合于简洁明快的现代园林和城市环境。

亭（凉亭）是一种中国传统建筑，多建于路旁，供行人休息、乘凉或观景用。亭一般为开敞性结构，没有围墙，顶部可分为六角、八角、圆等多种形状。

一汪清泉流经
小院，在小院中形成
了非常完美的一景。

日式风格庭院的小品装饰

日式风格小品常见的就是这样充满禅意的装饰物。

特色和润饰

石佛像或石龛是日式风格不可少的设计元素，同时汀步和洗手的蹲踞及照明用的石灯笼都是日本庭院的典型特征。

汀步与草的结合让人们仿佛在绿色中穿行，这样的设计既体现了植物的生机勃勃又不伤害植物的生长。

汀步又称步石、飞石。 汀步多选石块较大，外形不整而上比较平的山石，散置于水浅处，石与石之间高低参差，疏密相间，取自然之态，既便于临水，又能使池岸形象富于变化，长度以短曲为美，此为形。石体大部分浸于水中，而露水面稍许部分，又因水故，苔痕点点，自然本色尽显，此为色。其形其色，如童寯先生言："薛苔蔽路，而山池天然，丹青淡剥，反觉逸趣横生"。

蹲踞是日式庭院中常见的一种景观小品，是用于茶道等正式仪式前洗手用的道具。蹲踞通常为石材制作，并摆放有小竹勺和顶部提供水源的竹制水渠。

这样利用废旧的竹子设计的喷泉，不仅设计相当有心意，更是环保的一种体现。

石灯笼的雏形是供佛时点的灯，也就是供灯的形式。这种形式从我国经朝鲜传入日本，在日本得到大量应用，并在世界各国广为流传，致使许多人误认为石灯笼是日本独有的园林小品。

东南亚风格庭院的小品装饰

遮阳伞与植物在上层交相辉映，下层的桌椅若隐若现，仿佛置身于园林深处。

113

纳凉亭

亭是一种有顶无墙的小型建筑物。在东南亚热带园林中，比较常见的是一些茅草篷屋或原木的小亭台，大都为了休闲、纳凉所用，既美观又实用，而且在建造上并不复杂，因此也被一些庭院所接受。

木质平台与家具是不能分开的，在庭院中这样的休闲设计相当受人喜欢。

台榭、游廊

榭 是建在高台的房子。榭一般建在水中、水边或花畔。建在水边的又叫"水榭"。如果不做纳凉亭，也可以用一座原木平台和榭栏代替，然后选择一套休闲桌椅，在原木平台上闲聊也是很惬意的事。当然，平台旁最好有高低错落的植物、雕刻精美的石雕和陶艺陪衬，才更有情趣。

木质小桥跨在一汪流水之上，与周围的植物搭配形成完美的景观。

桥栏

独 特的异域木桥、石桥，自然朴实。

第四部分

精品案例赏析

案例1

高处的自然小院

设计单位：上海意初景观设计咨询有限公司

　　上海意初景观设计咨询有限公司成立于 2008 年，由数位有志于中国景观行业发展的人士创办。公司发展至今，已经完成上海及周边地区一系列经典案例。包括小区景观规划设计，酒店广场景观设计，写字楼景观设计及街道绿化，厂区绿化景观设计等各类型优秀作品。

　　本案地理位置比一般花园更加特殊复杂。别墅主体坐落在半山腰中，花园的前后高差超过 5m，且花园边界与周边地块的衔接面临各自不同的要求。设计师面临的最大挑战在于如何巧妙地利用高差创造景观的同时，完美地解决排水、停车、交通流线、功能分区等各项功能。

本案中，设计师利用现状，将高大的挡土墙分层处理，形成阶梯状的台地式花园，并且利用植被软化硬质景观，使得最后呈现的景观柔和自然。入口处的高差形成天然的大台阶，使得主人入户时，能够感受到庄重严肃的"迎宾"仪式感。在花园的整体景观中，各个功能分区皆处于不同高程中，视线或收或放，既有开阔的瞭望处，又有曲径通幽的密闭景观。在硬质景观造型上以简欧为主，在植物造景上却更多地融入中式的元素，最后得到一种"中西合璧"的景观效果，也更符合中国人的审美与品位。

私家小院

设计师：朱玲玲

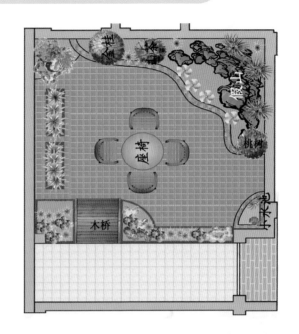

朱玲玲，女，1987 年出生的新锐景观设计师，2010 年毕业于徐州工程学院。有扎实的园林专业理论知识，手绘纯熟，精通 CAD、Photoshop、Sketchup，参与过徐州崔家大院的绿化种植设计，为南京的罗托鲁拉、颐和南园等别墅做过景观设计。

庭院在房屋的南面，阳光充足，正对着道路，地势平缓，建筑物是暖色调。Z 先生委托设计师在庭院里放置假山、花坛和小水池。并且让面积不大的庭院看起来显得空间比较开阔，而且容易打理。

于是，根据庭院的现状及 Z 先生的要求，设计师在色调整体设计上与建筑物相协调，设置了一个弧形花坛，使庭院呈现出柔和温馨的氛围，里面放上了千层石的假山。靠近建筑阳台设置了木花箱，种植宿根草本花卉，既易打理，又不会遮挡阳光。入门的道路和庭院边用木栅栏和木花箱作为隔断，并且设置了一座小拱桥，具有情趣。庭院虽小，但是庭院里的景观小品却丰富多彩，在角落处设置了一个陶罐流水池，庭院的中间是黄锈石铺地，可以供 Z 先生放置室外桌椅供家人休息、赏景、聊天之用。这样整个庭院既显得空间大，又可以在细节处体现出精致温馨。植物种植上做到四季有景，可以领略四季景色的交替，春天庭院有鲜花点缀，夏天有绿叶为庭院增色，秋天桂花香飘满庭院，冬天依然有终年常绿的金桂、山茶、棕榈等植物。

案例3

东南亚风情

设计单位：杭州海潮设计

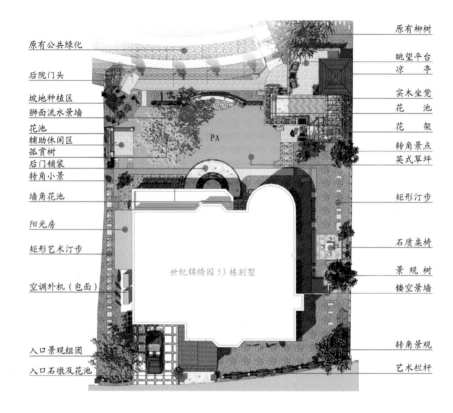

原有公共绿化

后院门头

坡地种植区
狮面流水景墙
花池
辅助休闲区
孤赏树
后门铺装
转角小景

墙角花池

阳光房

矩形艺术汀步

空调外机（包面）

入口景观组团
入口石墩及花池

原有柳树

眺望平台
凉亭

实木坐凳
花池
花架

转角景点
英式草坪

矩形汀步

石质桌椅

景观树
镂空景墙

转角景观
艺术栏杆

PA

世纪锦绣园53栋别墅

花花世界

设计单位：海跃景观

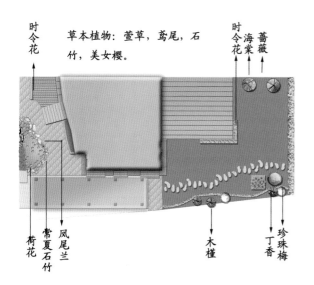

时令花

草本植物：萱草，鸢尾，石竹，美女樱。

时令花
海棠
蔷薇

荷花
常夏石竹
凤尾兰
木槿
丁香
珍珠梅

133